Christian Rodiek

Das Lachscluster in Chile - ein kurzer Überblick

GRIN Verlag

Bibliografische Information der Deutschen Nationalbibliothek:

Die Deutsche Bibliothek verzeichnet diese Publikation in der Deutschen National-
bibliografie; detaillierte bibliografische Daten sind im Internet über http://dnb.d-
nb.de/ abrufbar.

Impressum:

Copyright © 2008 GRIN Verlag GmbH
Druck und Bindung: Books on Demand GmbH, Norderstedt Germany
ISBN: 978-3-638-93873-0

Dieses Buch bei GRIN:

http://www.grin.com/de/e-book/91305/das-lachscluster-in-chile-ein-kurzer-ueberblick

Das Lachscluster in Chile

Hausarbeit

Wirtschaftsgeographie I: Standort, Cluster, Netz

vorgelegt am

Lehrstuhl für Wirtschaftsgeographie

von Christian Rodiek

aus Mannheim

Herbstsemester 2007

Inhaltsverzeichnis

Abbildungsverzeichnis

Tabellenverzeichnis

Abkürzungsverzeichnis

SERNAP	Servicio Nacional de Pesca, chilenische Fischereibehörde
JICA	Japanese International Cooperation Agency
CORFO	Corporación de Fomento de la Producción, staatliche chilenische Agentur für wirtschaftliche Entwicklung
IFOP	Instituto de Fomento Pesquero, Institut für Fischereientwicklung
APSTC	Association of Salmon and Trout Producers of Chile
INTESAL	Instituto Tecnológico del Salmón, technologische Lachsinstitut
MNCs	Multinational Corporations
ISA	Infectious Salmon

1. Einleitung

Die vorliegende Hausarbeit beschreibt und analysiert das relativ junge Cluster der Lachsindustrie in Chile. Dieses Lachscluster soll dabei zunächst von einer historischen Perspektive aufgearbeitet werden, bevor seine gegenwärtige Struktur dargestellt wird. Abschließend werden aktuelle Risiken bzw. zukünftige Herausforderungen des Clusters diskutiert und mögliche Lösungsansätze präsentiert. Es wird sich zeigen, dass es sich bei diesem, auf natürlichen Rohstoffen basierenden, Cluster um eine Industrie handelt, die gezielt von politischen Entscheidungsinstanzen implementiert und gesteuert worden ist. Das Lachscluster hat sich dabei seit seinem Bestehen zu einem essentiellen Bestandteil der chilenischen Wirtschaft entwickelt und gilt im internationalen Vergleich als ein „excellent example of a well organized and administered cluster" (Lathrop 2006).

Im Rahmen dieser Arbeit wird „Cluster" an dieser Stelle hinsichtlich der Begrifflichkeit prägnant nach Porters Konzept definiert: „Bei einem Cluster handelt es sich um eine geographische Konzentration von Unternehmen, spezialisierten Lieferanten, Dienstleistungsanbietern, Unternehmen in verwandten Branchen und verbundenen Einrichtungen (zum Beispiel Universitäten, Normungsinstitute und Wirtschaftsverbände), die in bestimmten Feldern untereinander verbunden sind und gleichzeitig miteinander konkurrieren und kooperieren" (Porter 1999, S. 207). Das chilenische Lachscluster zeigt in diesem Kontext die entsprechenden Charakteristika auf, wie diese von Porter definiert worden sind (Alvial und Bañados 2006). Dabei stellt sich heraus, dass insbesondere die staatlichen Institutionen im Wesentlich zur Entstehung des Clusters in Chile beigetragen haben (Perez-Aleman 2005).

Es sei an dieser Stelle darauf hingewiesen, dass der Begriff *Lachscluster* in dieser Arbeit ab den 90er Jahren des 20. Jahrhunderts, der Zeit des Entstehens dieses Clusters, synonym mit *Lachsindustrie* zu verstehen ist. Diese Vereinfachung ist legitim, da das Lachscluster für den Großteil der gesamten chilenischen Lachsexporte, in 2007 waren es 90%, verantwortlich ist.

2. Das chilenische Lachscluster

In diesem Teil der Arbeit wird ein historischer Überblick der Entwicklung der chilenischen Lachsindustrie zu einem nach Porter (1999) definierten Cluster gegeben und anschließend dessen derzeitige Struktur sowie ökonomische Erfolge präsentiert. Abschließend werden aktuelle Herausforderungen und potenzielle zukünftige Gefahren bzw. Schwierigkeiten des Lachclusters erörtert.

2.1. Historische Entwicklung der chilenischen Lachsindustrie zum Lachscluster

Lachs ist in seinem Ursprung keine in der freien chilenischen Wildbahn vorkommende Fischart und wurde erst 1921 zum ersten Mal nach Chile importiert und angesiedelt (Lathrop 2006; Iizuka 2004). Da sich das natürliche Verbreitungsgebiet von Lachs auf Nordamerika, Europa und Russland beschränkt, existierten Anfang der 60er Jahre, d.h. zu Beginn des Aufbaus der Lachsindustrie in Chile weder Kenntnisse noch erfahrenes Personal als Basis für die Lachszucht und -verarbeitung. Im Zuge des weltweiten technischen Fortschritts jedoch, wurde die kommerzielle Zucht von Lachsen auch in einem „lachsfremden" und -unerfahrenen Land wie Chile rentabel und weltweit wettbewerbsfähig (Iizuka 2004). Wesentlicher Treiber des kommerziellen Fischfangs war dabei die weltweit gestiegene Nachfrage nach Fisch und Meeresfrüchten aufgrund gesunkener Preise dieser Güter. Wie Abbildung 1 verdeutlich, war von dieser Entwicklung insbesondere der Lachs betroffen, wobei der Bestand an wild lebenden gefangenen Lachsen relativ konstant geblieben ist und die weltweite Produktion an Zuchtlachs innerhalb der vergangenen 20 Jahre um mehr als 70% gestiegen ist (Montero 2004). In den 80er Jahren des 20. Jahrhunderts stammten beispielsweise circa 99% des global konsumierten Lachses aus kommerziellem Fischfang, wohingegen heute nur noch circa 40% der verkauften Lachse auf diese Weise gefangen werden. (Iizuka 2004).

Abbildung 1: Weltweite Produktion von wilden Lachs und Zuchtlachs

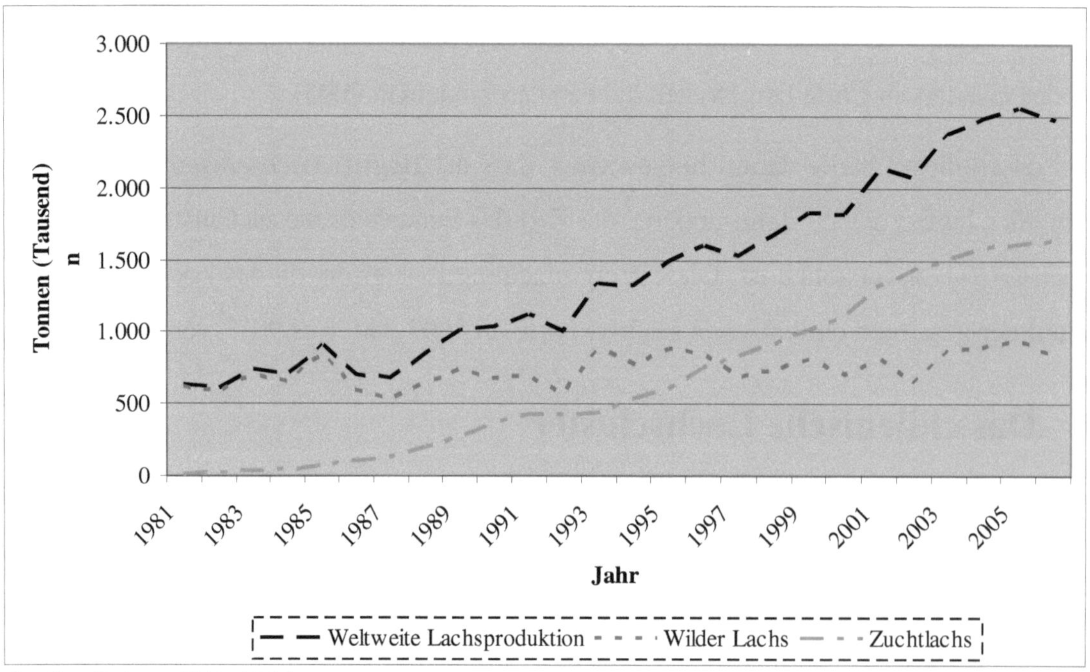

Quelle: (SalmonChile 2006)

Chiles Fischwirtschaft zählt mittlerweile zu den größten weltweit, wobei insbesondere die Lachsindustrie und -verarbeitung in den letzten 12 Jahren zu dieser Entwicklung beigetragen haben. Die Lachszucht ist insbesondere in der X. und XI. Region wichtigster Arbeitgeber und somit auch dynamischster Antreiber der regionalen Wirtschaft (Wittelsbürger 2005). Dabei war Chile innerhalb der letzten 20 Jahre in der Lage, in diesen Regionen ein innovatives und global wettbewerbsfähiges regionales Lachscluster aufzubauen. Im Laufe dieser Zeit ist die Lachszucht zu einem der wichtigsten chilenischen Exportgüter geworden und hat folgegerecht signifikanten Anteil an der wirtschaftlichen Entwicklung der beteiligten Regionen Chiles. Neben technologischen Möglichkeiten bietet Chile eine Vielzahl an natürlichen Gegebenheiten und Umweltbedingungen, wie lange Küsten und frisches, sauberes Meereswasser, die für die Implementierung sowie Entwicklung der Lachsindustrie in Chile eine entscheidende Rolle gespielt haben (UNCTAD 2006)

Die chilenische Lachsindustrie ist ein gutes Beispiel dafür, dass die Entwicklung neu etablierter Industrien oftmals von der Effizienz und Produktivität der dazugehörigen Produktions-, Vertriebs- und Marketingprozesse abhängig ist (UNCTAD 2006). Chiles Entwicklung der Lachszucht und -verarbeitung zu einem so genannten Lachscluster lässt sich dabei in vier wichtige Phasen unterteilen: die Experimentierungsphase, die Entwicklungsphase, die industrielle Expansionsphase und die Globalisierungsphase (Alvial und Bañados 2006; UNCTAD 2006; Iizuka 2004; Infante 2003). Die Experimentierungsphase, in der die chilenische Regierung und dem Staat nahe stehenden Institutionen eine entscheidende Rolle spielten, fand zwischen 1960 von 1973 statt. Während dieser Zeit untersuchte und testete der chilenische Staat mit finanzieller und technologischer Unterstützung seitens nationaler und ausländischer Institutionen die technische Realisierbarkeit von Lachszucht. Die ausländische Hilfe kam dabei im Wesentlichen aus den Ländern Japan, USA und Kanada. Der 1969 unterzeichnete Kooperationsvertrag zwischen der chilenischen Fischereibehörde Servicio Nacional de Pesca (SERNAP) und der Japanese International Cooperation Agency (JICA) kennzeichnete die Basis für die kommerzielle Lachszucht in Chile. Technologietransfer sowie die Ausbildung von entsprechenden Fachkräften und Studien zur technischen und wirtschaftlichen Umsetzung standen im Mittelpunkt der beidseitigen Vereinbarung. Obwohl eine Erfahrung und Wissen in geringem Maße in Chiles Fischerei bereits vorhanden waren, legten dennoch dieser Vertrag und die Implementierungsinitiativen der chilenischen Regierung die Grundlage für den späteren Erfolg der Lachsindustrie und des sich daraus entwickelnden Lachsclusters (UNCTAD 2006; Iizuka 2004; Perez-Aleman 2005).

Die Entwicklungsphase der Lachszucht von 1974 bis 1984 war gekennzeichnet von ersten chilenischen Firmengründungen sowie Niederlassungen ausländischer Unternehmen. Mit der finanziellen Hilfe der staatlichen chilenischen Agentur für wirtschaftliche Entwicklung Corporación de Fomento de la Producción (CORFO) gelang erfahrenen Mitarbeitern von CORFO und vom Institut für Fischereientwicklung, Instituto de Fomento Pesquero (IFOP), 1974 die erste Gründung eines Lachszuchtunternehmens. Dies unterstützte den Know-how-Transfer vom öffentlichen zum privaten Sektor und forcierte somit die Entwicklung der entstehenden jungen Lachsindustrie. 1978 wurde schließlich der erste, aus kommerzieller Zucht stammende, Lachs nach Frankreich exportiert. Aufgrund erhöhter Nachfrage und gestiegener Produktion wurde chilenischer Lachs in den darauf folgenden Jahren auch in anderen europäischen Ländern und den USA vertrieben. Dieser Export sowie ein höherer Lachspreis generierten weitere Unternehmensgründungen und eine erhöhte Investitionsrate in der Lachszucht und – verarbeitung (UNCTAD 2006; Iizuka 2004; Perez-Aleman 2005). Während dieser Zeit fungierte Fundación Chile, eine private, gemeinnützige Gesellschaft, als Mittler zwischen privater Wirtschaft und öffentlicher Hand sowie als Katalysator für die gewerbliche Lachszucht. Im Jahre 1980 demonstrierte Fundación Chile sowohl einer eigens gegründeten Lachszuchtfarm die technische Realisierbarkeit der kommerziellen Lachszucht als auch dessen ökonomische Effizienz (Bolman 2007). Fundación Chile förderte in diesem Sektor das Weiteren Forschung & Entwicklung und neue Technologien zur besseren Zucht und Weiterverarbeitung von Lachsen (UNCTAD 2006). Dieses Vorgehen erhöhte die Anzahl privater Lachsunternehmen von drei im Jahre 1980 auf 36 im Jahre 1985 (Perez-Aleman 2005).

Während der industriellen Expansionsphase von 1985 bis 1995 stiegen die Produktion von Lachs und dessen Export sowie die Anzahl in der Lachszucht und -verarbeitung tätiger Firmen rapide an. Im Jahre 1987 existierten bereits 56 Unternehmen in dieser Branche mit 117 Lachsfarmen (UNCTAD 2006; Iizuka 2004; Perez-Aleman 2005). Neben den Lachs herstellenden Unternehmen erhöhte sich auch die Zahl derer, die in Bereichen wie der künstlichen Eierbefruchtung, der Futterproduktion, der Käfigherstellung, der Tiefkühlcontainer sowie der Logistik tätig waren (vgl. Perez-Aleman 2005, S. 666). Zwischen 1985 und 1986 stieg der chilenische Lachsexport auf über 1 Million US-Dollar an, womit Chile zum ersten Mal in der Geschichte als ein ernst zunehmender Lachsproduzent anerkannt werden konnte (vgl. Iizuka 2004, S. 11). Zwecks Etablierung im internationalen Wettbewerb und zur Sicherung der Konkurrenzfähigkeit, organisierten sich immer mehr Unternehmen der Lachsbranche der X. und XI. Region zu horizontalen Netzwerken und Allianzen, welche im Laufe der Jahre weiter an

Bedeutung gewannen. Im Jahre 1986 gründeten 17 Lachsunternehmen die Association of Salmon and Trout Producers of Chile (APSTC) um technische Innovationen zu fördern sowie internationale Qualitätsstandards zu setzen und kostengünstigere Marktstudien durchführen zu können (UNCTAD 2006; Iizuka 2004; Perez-Aleman 2005). Mittels der APSTC wurde ein institutioneller Rahmen geschaffen, der es ermöglichte, die Produktionsprozesse sowie den Informationsaustausch zwischen den einzelnen Unternehmen effizienter zu koordinieren. Gleichzeitig vereinbarten die beteiligten Firmen einen definierten Qualitätsstandard, bestehend aus Produktstandards, sowie einem Selbstüberwachungsprozess. Durch derartige Normen konnte die Produktqualität des Lachses verbessert und somit ein höherer Export realisiert werden. Die festgelegten Regeln galten im Nachhinein nicht nur für die Unternehmen der APSTC, sondern auch für Nichtmitglieder. Im Laufe der Zeit gewann die chilenische Lachsindustrie immer mehr an Reputation, so dass sich auch ausländische und multinationale Firmen in Chile niederließen (vgl. Perez-Aleman 2005, S. 667). Die Anfang der 90er Jahre des 20. Jahrhunderts somit in der X. Region entstandene geographische Konzentration von verbundenen, kooperierenden aber auch gleichzeitig konkurrierenden Unternehmen und Institutionen kann zu Recht nach Porters Definition als Cluster identifiziert werden. Es zeigte sich, dass mittels kollektiven Handelns seitens des chilenischen Lachsclusters ein globaler Wettbewerbsvorteil erzielt werden konnte, der auf individueller Unternehmensbasis nicht ohne weiteres möglich gewesen wäre. Die chilenische Regierung unterstützte zu dieser Zeit zwar weiterhin den Lachssektor aber aufgrund der besseren Organisation seitens der privaten Wirtschaft war diese Hilfe mittels Vergünstigungen und Krediten eher indirekter Art. Fundación Chile hingegen vermarktete durch Repräsentanzen in Japan, Norwegen, Schottland und den USA den chilenischen Zuchtlachs auf dem internationalen Markt (UNCTAD 2006; Iizuka 2004; Perez-Aleman 2005; Paley und Dubois 2006). Um weitere Wettbewerbsfähigkeit zu forcieren, gründete APSTC 1995 mit finanzieller Unterstützung seitens CORFO das technologische Lachsinstitut, Instituto Tecnológico del Salmón (INTESAL), welches zum Ziel hatte, die Effizienz der Produktion zu steigern. Diese Organisation wurde insbesondere mit Mitarbeiterausbildung sowie mit Gesundheits- und Umweltaspekten der Lachsindustrie beauftragt (vgl. Iizuka 2004, S. 13). In den 90er Jahren übernahm der Branchenverband APSTC immer mehr die Aufgaben der Fundación Chile und wurde zu einem essentiellen Koordinator des entstandenen Lachsclusters (Bolman 2007).

Die Globalisierungsphase aus den Jahren 1996 bis 2003/2004 ist im Wesentlichen gekennzeichnet durch die verstärkte Präsenz von Multinational Corporations (MNCs) der

Lachsindustrie in Chile. Der Rückgang des Weltmarktpreises von Lachs Ende der 80er Jahre und Anfang der 90er Jahre bewirkte eine nachhaltige Konsolidierung in der Lachsindustrie. Kleinere chilenischer Betriebe mussten schließen oder wurden von anderen Unternehmen, oftmals von MNCs, die auf der Suche nach neuen, vorteilhafteren Produktions- und Investitionsmöglichkeiten waren, übernommen (Iizuka 2004; UNCTAD 2006).

Tabelle 1: Die 10 größten Lachsexporteure Chiles, 2001

	Unternehmen	Vertikale Integration	Export FOB Mio.US$	Besitzer/Ursprungsland	Weltrang
1	Marine Harvest Chile SA	41CC 1PP	141,5	Nutreco/Niederlande	1
2	Aqua Chile	28CC 1PP	67,4	Chile	6
3	Salmones Mainstream	21CC 1PP	56,4	Cermaq/Norwegen	5
4	Fjord Seafood Chile	19CC 2PP	53,6	Fjord Seafood/Norwegen	4
5	Salmones Multiexport	12CC 1PP	53,4	Chile	10
6	Salmones Antartica	3CC 2PP 1PA	45,5	Nihon suisan/Japan	22
7	Cultivos Marinos Chiloe	17CC 1PP 1PA	39,5	Chile	20
8	Aguas Claras	13CC 1PP	36,7	Antarfish/Niederlande	21
9	Invertec Pesquera Mar de Chiloe	16CC	32,7	Chile	19
10	Productos del Mar Ventisqueros	5CC 1PP	25,4	Chile	n.a.

Bemerkung: CC: Kultivierungszentren, PP: Verarbeitungsfabriken, PA: Verarbeitungsfabriken für Fischfutter. Die Nummer indiziert die Anzahl im Besitz des Unternehmens befindlichen Anlagen.
Quelle: (Iizuka 2004)

Zur Senkung von Produktionskosten und Generierung von Skalenerträgen, kam es häufig zu einer vertikalen Integration und Übernahme von Futter- und Eierproduzenten seitens großer Lachsunternehmen. In diesem Zusammenhang zeigt Tabelle 1 Chiles 10 größte Lachsexporteure und beweist zum einen die bereits genannte größere Präsenz ausländischer Unternehmen und zum anderen die wirtschaftliche Stärke chilenischer Lachsfirmen sowie den Hang zur vertikalen Integration in der Wertschöpfungskette (vgl. Iizuka 2004, S. 15). Durch diese Entwicklung entstanden neue international wettbewerbsfähige Unternehmen und die chilenische Lachsindustrie erreichte den Qualitäts- und Produktionsstandard anderer in der Lachszucht und -verarbeitung tätigen Länder (vgl. UNCTAD 2006, S. 7; vgl. Iizuka 2004, S. 14). Wie auch schon in der vorangegangenen Phase agierte die chilenische Regierung auch während dieser Zeit mehr als indirekte als eine direkte Stütze der Lachsindustrie. Der Staat konzentrierte sich dabei mehr auf eine Reglementierung der Umwelt- und Arbeitsbedingungen, wobei diese im Konsens mit den betroffenen Unternehmen einen eher kollaborativen und freiwilligen Charakter aufwies (Iizuka 2004). Während dieser Zeit entwickelte sich die chilenische Lachsindustrie in der X. Region zu einem reiferen Cluster, in dem verschiedene Unternehmen die unterschiedlichsten Aufgaben von Lachszucht über die Lachsverarbeitung bis hin zur Lachsvermarktung übernahmen (vgl. UNCTAD 2006, S. 7).

2.2.   Die gegenwärtige Struktur und Entwicklung des Clusters

Lachse können in freier Wildbahn eine Größe von bis zu 1,5 m erlangen und dabei bis zu 4 kg schwer werden, wobei diese in der künstlichen Zucht in den Aquafarmen wesentlich kleiner bleiben. Da Lachse in ihrer natürlichen Umgebung in kaltem und sauerstoffreichen Wasser leben, bietet Chiles Süden optimale Bedingungen für die Lachszucht (Aquakulturtechnik Lachs 2008). Daher überrascht es nicht, dass sich die chilenische Aquakultur zu einer der wichtigsten Exportbranchen entwickelt hat und sich die Verkaufserträge im letzten Jahrzehnt mehr als verdoppelt haben. Im Jahre 1990 betrugen die chilenischen Aquakulturexporte circa 28% der gesamten Fischereiexporte; 10 Jahre später waren es bereits 56%. Von den gesamten Aquakulturexporten stammen allein circa 95% aus der Lachsindustrie, wobei in diesem Zusammenhang in den chilenischen Aquafarmen vier unterschiedliche Lachsarten herangezüchtet und anschließend verarbeitet werden (vgl. Perez-Aleman 2005, S. 664; Fernández und Briones 2005). Diese sind der Atlantische Lachs (lat. salmon salar), der Pazifische Lachs (lat. Oncorhynchus kisucht), der Königslachs (lat. Oncorhynchus tschawytscha) und die Regenbogenforelle (lat. Oncorhynchus mykiss) (vgl. Fernández und Briones 2005, S. 3).

Abbildung 2: Lachsproduktion in Chile in Tonnen, 1983-2006

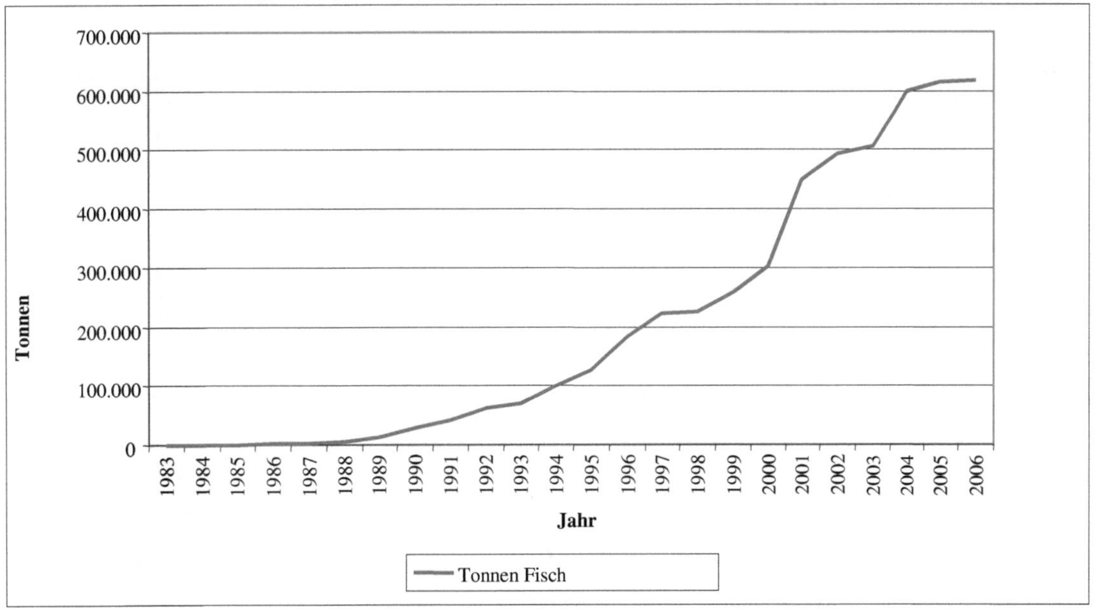

Quelle: (Quiroz 2007)

Die Lachszucht als solche erfolgt mit Hilfe einer automatisierten Eibrütung in Süßwasser-Hatcheries (so genannte „Aufzuchtstationen von Fisch- und Krustentieren in der Aquakultur … [wobei] die Tiere vom Schlüpfen bis zum Transfer in die Mastbecken betreut [werden]" (siehe Aquakulturtechnik Hatchery 2008)) und einer nachfolgenden Mästung der Tiere in Salzwassernetzgehegen nahe vor der Küste. Die viedeoüberwachte Fütterung erfolgt dabei automatisiert mit Fütterungssystemen, die durch Druckluft gesteuert werden. Dieses Verfahren optimiert die Futterverwertung und generiert durch den geringeren Einsatz an Arbeitskräften, geringere Produktionskosten für die Lachsunternehmen (Aquakulturtechnik Lachs 2008).

Wie bereits oben angedeutet und aus Tabelle 1 zu erkennen ist, hat die Produktion von Farmlachs aus der Aquakultur in den vergangenen Jahren aufgrund von Preisrückgängen von Lachs und der damit verbundenen erhöhten weltweiten Nachfrage wesentlich zugenommen. Der kommerziell gezüchtete Lachs deckt daher den Großteil des heutigen Bedarfs an dieser Fischart (Aquakulturtechnik Lachs 2008). Im Zuge dessen sind auch die Produktion sowie damit verbunden der Export von chilenischem Zuchtlachs stark gestiegen. Abbildung 2 illustriert in diesem Zusammenhang das Volumen der Lachsproduktion in Tonnen (t) von 1983 bis 2006. Dabei werden die oben beschriebenen einzelnen Phasen der Entwicklung der Lachsindustrie zu einem Lachscluster deutlich. Allein von 1996 bis 2006 stieg die Produktion von chilenischem Lachs um mehr als 241% von 184.000t auf geschätzte 628.000t.

Abbildung 3: Chilenischer Lachsexport in Mio. US$ FOB Chile und in Nettotonnen, 1996-2006

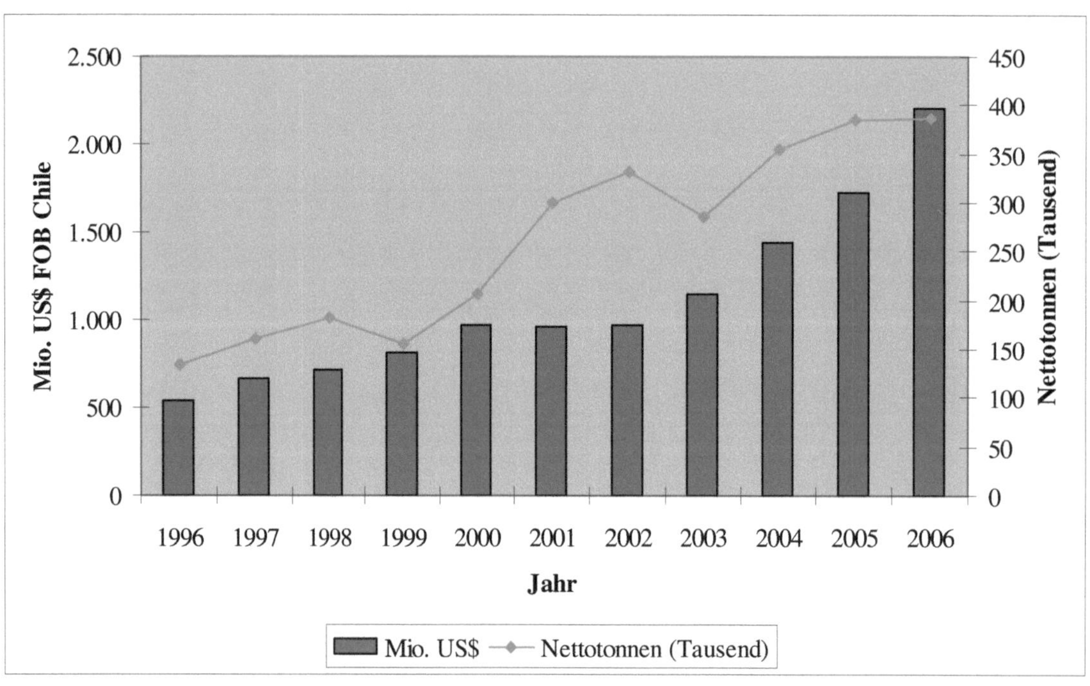

Quelle: (SalmonChile 2006)

Da sich die chilenische Lachsindustrie bzw. das Lachscluster von Beginn seiner Entstehung als eine Exportbranche positioniert hatte, gehen heute 90% der Produktion in den Export, wobei die restlichen 10% in chilenischen Fabriken verarbeitet und die in diesem Prozess entstehenden Produkte ihrerseits wieder exportiert werden (Iizuka 2006). Vom Jahre 1996 stieg der Lachsexport von 135.000 Nettotonnen um mehr als 184% auf 387.000 Nettotonnen im Jahre 2006. Im selben Zeitraum stieg der Wert dieser Exporte um 310% von 538 Millionen US-Dollar auf mehr als 2,2 Milliarden US-Dollar (vgl. Abbildung 3). Damit stammen mittlerweile 4,5% der gesamten chilenischen Exporte aus der Lachsbranche, wobei diese nach Umsatz den fünftgrößten Wirtschaftszweig Chiles repräsentiert (Jiménez 2007; Bolman 2007).

Abbildung 4: Chilenischer Lachsexport nach Ländern in Mio. US$ FOB Chile, 1996-2006

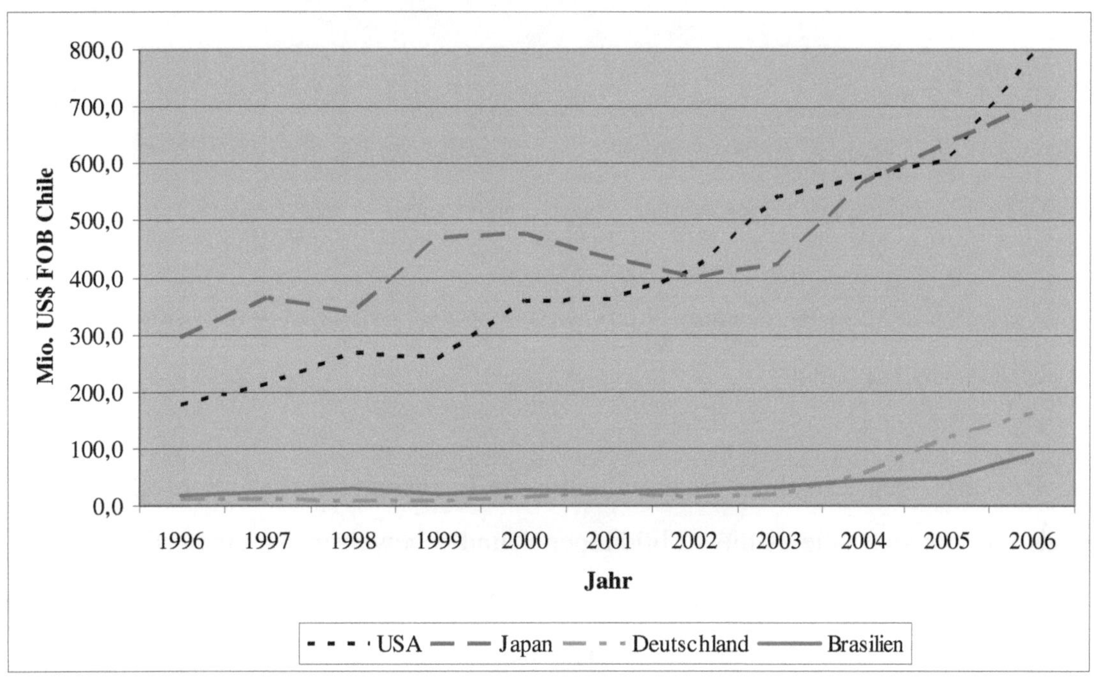

Quelle: (SalmonChile 2006)

Bei Betrachtung der chilenischen Exportstruktur wird die große Abhängigkeit von deutlich den USA und Japan deutlich. Im Jahre 2006 beispielsweise wurden circa 148.700 Nettotonnen Lachs, diese entsprechen 38,4% der gesamten chilenischen Lachsexporte in dieses Jahres, nach Japan exportiert. Die USA sind gemessen in Tonnen der zweitgrößte Importeur von chilenischem Lachs. Im Jahre 2006 wurden 108.800 Nettotonnen an Lachs bzw. 28,1% der gesamten chilenischen Lachsexporte importiert. Deutschland und Brasilien sind mit 6,1% bzw. 4,8% im Jahre 2006 weitere wichtige Importeure von chilenischem Lachs. Der Wertverlauf dieser Lachsexporte in US-Dollar wird für die Jahre 1996 bis 2006 in Abbildung 4 illustriert. Es wird deutlich, dass aufgrund des relativ schwachen Yen und des relativ starken Euro im Vergleich zum US-Dollar, der Wertanteil der chilenischen Lachsexporte nach Japan bei nur 31,9% bzw. der Export nach Deutschland bei 7,3% liegt. Auf US Dollar-Basis gehen bereits 35,9% aller chilenischen Lachsexporte in die USA.

Abbildung 5: Weltweite Zuchtlachsproduktion nach Ländern in Tonnen, 1996-2006

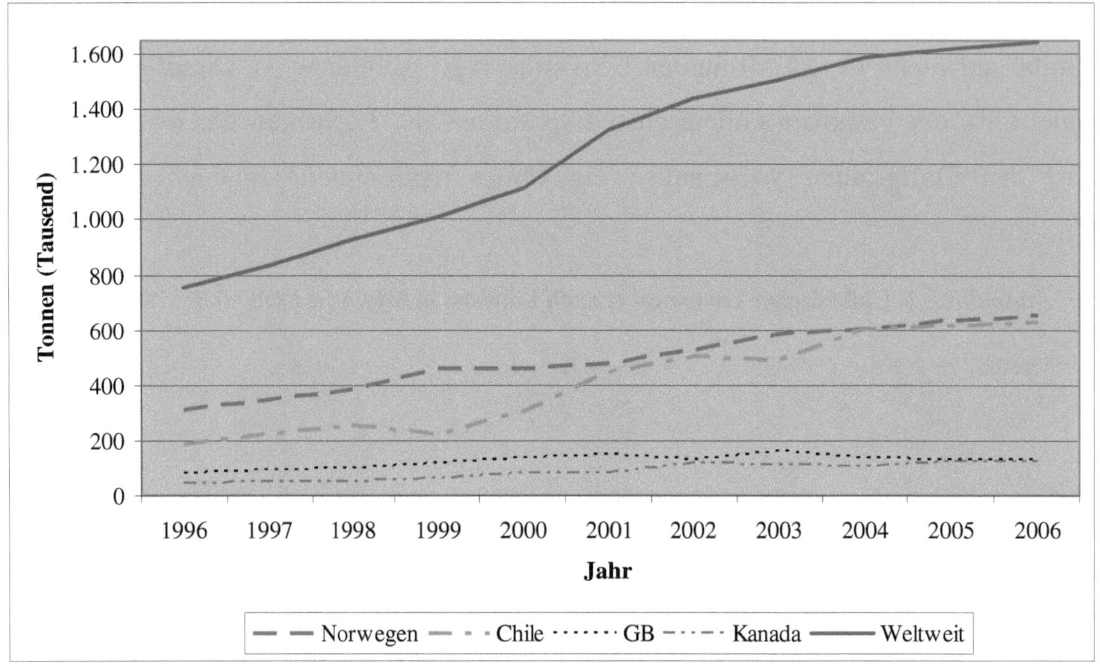

Quelle: (SalmonChile 2006)

In den vergangen 25 Jahren ist die chilenische Lachsindustrie um mehr als 3.500% gewachsen und hat sich, wie es die Abbildungen 1 und 5 beweisen, zu einem der größten und wettbewerbsfähigsten Lachsproduzenten bzw. -exporteure der Welt entwickelt (Bolman 2007). Im Jahre 1981 zählte Chile noch nicht einmal zu den fünf größten Lachsherstellern. Bereits 2006 aber, konnte Chile, mit einer Produktion von 628.000t Lachs, mehr als 2,2 Milliarden US-Dollar umsetzen und gilt somit mit einem Marktanteil von 38,2% der 1.620.000t-Weltlachsproduktion, als der weltweit zweitgrößte Lachsproduzent (Perez-Aleman 2005; SalmonChile 2006). Nur Norwegen mit 652.000t Lachs und einem entsprechenden Marktanteil von 39,7% der weltweiten Lachsherstellung produziert geringfügig mehr Lachs als Chile. Länder wie Großbritannien und Kanada kamen 2006 lediglich auf einen Marktanteil von 7,8% bzw. 7,6%.

Bis zum Jahre 2003 entwickelte sich das chilenische Lachscluster zum größten auf natürlich nachwachsenden Rohstoffen basierende Cluster und hat sich dabei, zur Erschließung neuer Wachstumspotenziale, von der X. Region auf die XI. Region ausgedehnt. Mittlerweile sind circa 500 Firmen, von denen 62% chilenischer und 38% ausländischer Herkunft sind und mehr als 50.000 Personen direkt oder indirekt in diesem Cluster und dessen Wertschöpfungskette von Produktion und Dienstleistungen involviert (Jiménez 2007; Alvial und Bañados 2006; Bolman 2007). Von diesen Unternehmen sind neben den circa 150 Zulieferern von Materialien und Rohstoffen 350 Anbieter von Dienstleistungen. Den eigentlichen Kern des Lachsclusters aber, bildet SalmonChile, die Asociacón de la Industria del Salmón de Chile A.G. Dieser chilenische Verband der Lachsproduzenten ging aus der 2002 umfirmierten APSTC hervor und umfasst heute die wichtigsten inländischen und ausländischen Produzenten und Zuliefererfirmen der chilenischen Lachsindustrie (SalmonChile 2008). Da dieser Verband nicht nur Unternehmen der Lachsindustrie regional vereint, sondern insbesondere auch die Koordination von Forschung und Entwicklung, Umweltbedingungen, gesetzlichen Regelungen, technischen Fragestellungen und Marktanalysen und -entwicklungen übernimmt und gleichzeitig im ständigen Austausch mit Regierungs- sowie Bildungsorganisationen steht, kann SalmonChile als das eigentliche chilenischer Lachscluster definiert und gesehen werden (SalmonChile 2008, Paley und Dubois 2006; UNCTAD 2006). Heute um fast SalmonChile insgesamt 76 Unternehmen, die mehr als 90% des exportierten chilenischen Lachses produzieren. Von diesen Konzernen sind 20 in der eigentlichen Lachsproduktion tätig und die restlichen 56 verteilen sich auf Zuliefererfirmen, Futterproduzenten, Hersteller technischer Ausrüstung, Verpackungsunternehmen, Laboratorien, Veterinäre sowie Logistikunternehmen (SalmonChile 2008). Eine entscheidendes Charakteristikum des Clusters stellt der extensive Einsatz hochmoderner Technologien seitens der beteiligten Firmen dar (vgl. Alvial und Bañados 2006, S. 74). Die 50.000 Arbeitsplätze der Lachsindustrie teilen sich in circa 35.000 direkte und circa 15.000 indirekte Angestellte auf. Dabei sind die direkten Arbeitsplätze auf der einen Seite zu circa 50% den Lachsverarbeitungsfabriken, zu circa 33% den Mästungsanlagen und zu circa 15% den Hatcheries bzw. den Zuchtanlagen zuzuordnen. Auf der anderen Seite befinden sich die indirekten Arbeitsplätze bei Zulieferern bzw. Abnehmern der Aquafarmen, Kultivierungszentren sowie den Verarbeitungsanlagen von Lachs (vgl. Fernández und Briones 2005, S. 2).

Wie oben bereits angedeutet, sind die Umweltgegebenheiten Chiles einer der entscheidenden Faktoren für die erfolgreiche Implementierung der Lachsindustrie im Süden des Landes. Dabei wurden das umfangreiche Angebot an sauberem Wasser sowie der entsprechende Zugang zur Küste den Lachszuchtunternehmen bis 1991 praktisch kostenlos zur Verfügung gestellt (Paley und Dubois 2006). Zwei weitere Erfolgsfaktoren die zu der Entwicklung des

Lachsclusters beigetragen haben, sind das eingeführte „Zonenprogramm" sowie die Vergabe von entsprechenden Lizenzen. Durch das Zonenprogramm wird seit 1991 festgelegt, welche Küstenabschnitte für Aquakulturen, wie beispielsweise die Lachszucht, genutzt werden dürfen. Die Nutzungsrechte hierzu werden bis heute mittels kostenpflichtiger Konzessionen vergeben. Bedingt durch eine begrenzte Anzahl und der damit einhergehenden Deckelung der Nutzung, führte dieses Verfahren zu einer deutlichen Wertsteigerung der entsprechenden Gebiete und Lizenzen. Hierdurch stieg die Attraktivität der für die Lachszucht interessanten Küstenregionen und wirkte wie ein Magnet auf neue Investitionen. Diese künstliche Verknappung mit einer fast nicht existenten Umweltgesetzgebung bis 2004 sowie die relativ kostengünstige chilenische Lohnstruktur auf der anderen Seite, führte zu einer erhebliche Entwicklungssteigerung der Lachsindustrie in Chile (Bolman 2007; Paley und Dubois 2006).

2.3. Zukünftige Entwicklungen und Herausforderungen des Lachsclusters

Seit 2003/2004 befindet sich Chiles Lachsindustrie in einer Konsolidierungs- und Sättigungsphase, die voraussichtlich bis mindestens 2010 anhalten wird (Infante 2003). Es bleibt abzuwarten wie sich die Zukunft der chilenischen Lachsindustrie nach 2010 entwickeln wird. Dennoch existieren Herausforderungen an das Lachscluster sowie zukünftige Entwicklungen der Lachsindustrie, die sich schon heute identifizieren lassen.

Das Wachstum der Lachszucht- und -verarbeitungsindustrie hat sich bereits rapide verlangsamt und nähert sich mit einer heutigen Wachstumsrate von nur noch 2% den Wachstumsraten anderer, älterer Industriesektoren an. Weitere Gefahren bzw. Schwierigkeiten sind ein derzeit relativ schwacher US-Dollar sowie ein relativ hoher Rohölpreis und mögliche Fischkrankheiten. Da die chilenischen Lachsexporte auf US-Dollar-Basis abgerechnet werden, mindert ein schwächerer Dollar den Wert der exportierten Ware und somit die Erträge der chilenischen Lachsindustrie. Darüber hinaus verursacht ein steigender Rohölpreis, wie er in den letzten Jahren zu beobachten ist, höhere Kosten für den Transport aller in der Lachsindustrie gefertigten Produkte, die wegen des hohen Konkurrenzdrucks nicht vollständig auf den Endkunden überwälzt werden können. Diese Entwicklung wiederum erhöht die Gesamtkosten der gesamten Wertschöpfungskette dieser Branche. Eine letzte schon heute beobachtbare Gefahr für die Lachsindustrie sind Krankheiten mit einer hohen Anfälligkeit für Fische. Die Infectious Salmon Anemia (ISA) ist eine schon im Jahr 2007 entdeckte Krankheit, die für Fische tödlich ist. Das ehemals niederländische Unternehmen Marin Harvest, welches seit 2006 in norwegischem Besitz und weltweit größter Produzent von Zuchtfischen ist, plant im

Zuge der bestehenden Problematik seine Aktivitäten bereits in 2008 um 40% zu reduzieren und deshalb mehrere Produktionsstätten zu schließen einhergehend mit der Entlassung von1.200 Mitarbeitern. Dieses Vorgehen könnte seinerseits bei Zulieferern und Abnehmern zu einer Kettenreaktion führen und daher flächendeckende Entlassungen hervorrufen und fatale Folgen für die Lachsindustrie und die Wirtschaft als Ganzes haben (Witte 2008; Paley und Dubois 2006).

Probleme, die seitens der Lachsindustrie bzw. des Lachsclusters in der X. und XI. Region auftreten können, sind sozioökonomischer sowie sozioökologischer Natur. Die Lachsindustrie ist in diesen Regionen Chiles wichtigster Arbeitgeber und jede Änderung der Lachsnachfrage sowie des Technologieeinsatzes hat somit einen direkten Einfluss und Konsequenz für den Arbeitsmarkt und die Arbeitsverhältnisse. Durch die Vielzahl der Freihandelsabkommen, die Chile unter anderem mit der EU und den USA geschlossen hat, konnten vergünstigt moderne Technologien und automatisierte Verarbeitungsmaschinen importiert werden, wodurch der Einsatz humaner Arbeitskräfte in der Lachsverarbeitung in den vergangenen Jahren zurückgegangen ist. Ferner haben sich, durch die Auslagerung von bestimmten Prozessen und Dienstleistungen seitens der Lachs verarbeitenden Unternehmen in Subunternehmen, die nicht an arbeitsrechtliche Regelungen gebunden sind, die Arbeitsbedingungen in der Lachsindustrie wesentlich verschlechtert. Vielen traditionellen Fischern fehlt es an einer juristischen Grundbildung zur Aufrechterhaltung ihres Betriebes bei einem immer komplexeren Wertschöpfungsprozess. Strafgebühren für widerrechtlich gefangene Lachse, die aus Fischfarmen stammen sind die Folge. Eine weitere Problematik betrifft die natürliche Nahrungskette der Fische: Dadurch, dass Fischfarmen oftmals über den natürlichen Fischgründen installiert werden und die Lachse mit Antibiotika, die auf dem Meeresboden fallen und von natürlichen Fischen gefressen werden, gefüttert werden, verändert sich die Nahrungskette und wirkt sich negativ auf die einheimischen Fischarten sowie das Ökosystem aus. Des Weiteren birgt die medikamentöse Behandlung der Lachse die Gefahr einer Gesundheitsgefährdung der Konsumenten. Eine weiter ökonomische Herausforderung stellt der hohe Kapitalabfluss bedingt durch die ausländische Konzernstruktur in der Lachsindustrie dar, sodass die hohen Gewinn nur zu einem geringen Anteil in der chilenischen Wirtschaft reinvestiert wird (Paley und Dubois 2006).

Zukünftige Herausforderungen an das Lachscluster werden, nach Ansicht von Montero (2004), wenn die Industrie die derzeitigen Wachstumsraten weiterhin halten möchte, innovative Produkte, die Erschließung neuer Märkte, die Erhöhung des Exports hochwertigerer Produkte, die Infrastruktur in der zu erschließenden XI. Region, die Biotechnologie hinsichtlich Genmanipulation, die Umweltberücksichtigung sowie die Forschung und Entwicklung sein. Dennoch ist, unter der Annahme keiner größeren Umweltkatastrophen, davon auszugehen, dass das chilenische Lachscluster in der X. und XI. Region auch in Zukunft eine international dominierende Rolle in der Lachsindustrie einnehmen wird (vgl. Montero 2004, S. 69).

3. Schlussbetrachtung

Es hat sich gezeigt, dass die erfolgreiche Entwicklung der chilenischen Lachsindustrie zu einem Cluster mit der Definition von Porter weitestgehend übereinstimmend. Das Lachscluster Chiles befindet sich dabei im Wesentlichen in der X. und XI. Region und umfasst neben den eigentlichen nationalen und internationalen Lachskonzernen eine Vielzahl von spezialisierten Zulieferern der Güter- und Dienstleistungsbranchen sowie Regierungs- und Nichtregierungsorganisationen. Obwohl die beteiligten Parteien oftmals in Konkurrenz zueinander stehen, kollaborieren diese und sind miteinander verbunden (Alvial und Bañados 2006; Iizuka 2006; Perez-Aleman 2005).

Die rasante Entwicklung dieses Industriesektors ist, rückblickend betrachtet, dem effizienten und flexiblen Zusammenspiel von privater Wirtschaft und öffentlicher Hand zu verdanken, dass von Fundación Chile und anschließend von SalmonChile koordiniert wurde. Ohne die anfänglichen Aktivitäten dieser formalen Organisationen wäre ein derartig erfolgreiches Cluster niemals zu Stande gekommen (Bolman 2007). Dabei hat der chilenische Staat während der unterschiedlichen Phasen des Branchenlebenszyklus der Lachsindustrie, wie nach Enright (2003) unterschieden, sowohl als Katalysator, Unterstützter als auch als Aktiver eine wesentliche Rolle gespielt.

Bei Betrachtung der Zyklen des Lachsclusters in Chile, zeigen sich die vier klassischen Phasen von Einführung, Wachstum, Reife sowie Schrumpfung. Die Experimentierungsphase von 1960 bis 1973 und die Entwicklungsphase von 1974 bis 1984 können als die Einführungsphase der Lachsindustrie in Chile gesehen werden. In diesen Jahren sind es vor allem kleinere Betriebe, die, die noch in der Entwicklung befindlichen Branche, gestalteten. Die Expansionsphase des chilenischen Lachsclusters von 1985 bis 1995 entspricht der Wachstumsphase des Branchelebenszyklus, in der im Laufe der Jahre die sich durchgesetzten Unternehmen steigende Umsätze und Gewinne eine höhere Mitarbeiterzahl aufweisen konnten. Die Globalisierungsphase von 1996 bis 2003/2004 kann mit der Reifephase gleichgesetzt werden. Während dieser Zeit wuchsen Umsatz und Gewinn der Konzerne weiterhin an, wobei es aber zu einer Sättigung des Marktes gekommen ist. Das chilenische Lachscluster kann, wenn keine geeigneten Maßnahmen ergriffen werden bzw. neue Märkte erschlossen werden, an internationaler Konkurrenzfähigkeit verlieren und somit Ertragsrückgänge erleiden bzw. Arbeitslosigkeit in den entsprechenden Regionen bewirken.

Bleibt abschließend zu bemerken, dass die einseitige Abhängigkeit der X. und XI. Region in Chile von der Lachsindustrie bzw. dem Lachscluster kritisch zu beobachten ist, da deren sozioökonomischen Entwicklung fast ausschließlich von nur einem Industriesektor beeinflusst werden. Diese Regionen sollten daher in Zukunft versuchen, für andere Branchen wie beispielsweise den Tourismus interessant zu werden, um sich so letztendlich mehr Vielfalt an Industriezweigen sowie insgesamt eine größere Unabhängigkeit zu sichern.

Literaturverzeichnis

Alvial, A. und *Bañados*, F. (2006): Desafíos en la Consolidación del Cluster del Salmón Chileno: Contribución del Programma Territorial Integrado (PTI). In: Informe Económico Salmonicultura 2006: SalmonChile, S. 72-82.

Aquakulturtechnik Lachs (2008): Lexikon der Aquakulturtechnik: Lachs, eingesehen am 06.04.2008: http://www.aquakulturtechnik.de/Lexikon/l/lachs.htm

Aquakulturtechnik Hatchery (2008): Lexikon der Aquakulturtechnik: Lachs, eingesehen am 06.04.2008: http://www.aquakulturtechnik.de/Lexikon/h/hatchery.htm

Bolman, B. (2007): The Future of Chile's Salmon Farming Industry, eingesehen am 02.04.2008: http://www.patagoniatimes.cl/index2.php?option=com_content&do_pdf=1&id=268

Enright, M.J. (2003): Regional Clusters: What We Know and What We Should Know. In: Bröcker, J.; Dohse, D.; Soltwedel, R. (eds.): Innovation Clusters and Interregional Competition. Berlin, Heidelberg, New York u. a.: Springer.

Fernández, J. und *Briones*, L. E. (2005): Estudio de la Cadena Productiva del Salmón, a Través de un Análisis Estratégico de Costos. In: CAPIC Review 3.

Lathrop, Mary Lou (2006): Chile: Aquaculture, eingesehen am 31.03.2008: www.buyusa.gov/chile/en/224.pdf

Jiménez, O. (2007): Chile: Investment Opportunities Investment Opportunities in the Salmon Cluster, eingesehen am 02.04.2008: www.innovasjonnorge.no/TP_fs/Marin/2008/Kronprinsbesøk%20Chile%20jan%2008/Orlando%20Jimenez.pdf

Infante, R. (2003): Proyecciones y Oprtunidades de Desarollo en la Industria del Salmon Hacia el Año 2010, eingesehen am 04.04.2008: www.capital.cl/uploads/file_48916043.ppt

Iizuka, M. (2004): Organizational Capability and Export Performance: The Salmon Industry in Chile, eingesehen am 04.04.2008: www.druid.dk/uploads/tx_picturedb/dw2004-911.pdf

Iizuka, M. (2006): Standards as a New Platform of Innovation and Learning in the Global Economy: A Case study of a Natural Resource in a Catching-Up country, eingesehen am 06.04.2008: http://www.sussex.ac.uk/Units/spru/events/ocs/viewpaper.php?id=198

Montero, C. (2004): Formación y desarrollo de un cluster globalizado: el caso de la industria del salmón en Chile. Santiago de Chile.

SalmonChile (2006): SalmonChile: Estadísticas en Linea: Producción Mundial y Exportación Nacional, eingesehen am 05.04.2008: http://estadisticas.intesal.cl/

SalmonChile (2008): SalmonChile: Quiénes Somos, eingesehen am 05.04.2008: http://www.salmonchile.cl/frontend/seccion.asp?contid=358&secid=2&secoldid=2&subsecid=7&pag=1

Paley, D. und *Dubois*, F. (2006): Salmon country, eingesehen am 04.04.2008: www.sevenoaksmag.com/features/99_feat4.html

Perez-Aleman, P. (2005): CLUSTER formation, institutions and learning: the emergence of clusters and development in Chile. In: Industrial and Corporate Change 14 (4), S. 651-677,

Porter, M. E. (1999): Cluster und Wettbewerb: Neue Aufgaben für Unternehmen, Politik und Institutionen. In: Porter, M. E.: Wettbewerb und Strategie. Aus dem Amerikanischen von Stephan Gebauer, München.

Quiroz, J. C. (2007): La Economía del Salmón y la Necesidad de Un "Nuevo Trato", eingesehen am 02.04.2008: www.salmonchile.cl/files/La%20Econom%EDa%20del%20Salm%F3n%20y%20la%20Necesidad%20de%20un%20nuevo%20trato.ppt

UNCTAD (2006): Transfer of Technology for Successful Integration into the Global Economy: A Case Study of the Salmon Industry in Chile. New York und Genua.

Witte, B. (2008): Chile Salmon Industry up just 2 Percent in 2007, eingesehen am 02.04.2008: http://www.patagoniatimes.cl/content/view/405/1/

Wittelsbürger, H (2005): EU errichtet Handelsbarrieren für chilenische Lachsimporte, eingesehen am 02.04.2008: http://www.kas.de/db_files/dokumente/7_dokument_dok_pdf_6104_1.pdf